BEI GRIN MACHT SICH IHR WISSEN BEZAHLT

Analyse des Datensatzes "ALLBUScompact 2016". Die Einstellung zum Islam bei AfD-Anhängern und anderen Personen

Kathrin Kreitmeier

Bibliografische Information der Deutschen Nationalbibliothek:

Die Deutsche Nationalbibliothek verzeichnet diese Publikation in der Deutschen Nationalbibliografie; detaillierte bibliografische Daten sind im Internet über http://dnb.d-nb.de abrufbar.

ISBN: 9783346453792
Dieses Buch ist auch als E-Book erhältlich.

© GRIN Publishing GmbH
Nymphenburger Straße 86
80636 München

Druck und Bindung: Books on Demand GmbH, Norderstedt Germany
Gedruckt auf säurefreiem Papier aus verantwortungsvollen Quellen

Das vorliegende Werk wurde sorgfältig erarbeitet. Dennoch übernehmen Autoren und Verlag für die Richtigkeit von Angaben, Hinweisen, Links und Ratschlägen sowie eventuelle Druckfehler keine Haftung.

Das Buch bei GRIN: https://www.grin.com/document/1037836

FOM Hochschule für Oekonomie & Management

Studienzentrum Augsburg

Berufsbegleitender Studiengang

Betriebswirtschaft & Wirtschaftspsychologie

2. Semester

Hausarbeit im Modul Datenerhebung & Statistik

über das Thema

Wie unterscheiden sich Personen, die die AfD präferieren, von anderen Personen in Bezug auf die Einstellung zum Islam?

Analyse des Datensatzes „ALLBUScompact 2016"

Abgabedatum: 30.09.2020

Inhaltsverzeichnis

1 Datensatz

1.1 Beschreibung

Gegenstand dieser Datenanalyse ist die Allgemeine Bevölkerungsumfrage der Sozialwissenschaften, welche im Datensatz „ALLBUScompact 2016" erfasst ist. Die Daten wurden im Zeitraum 06.04.2016 bis 18.09.2016 in Deutschland erhoben und durch Gesis (Leibniz-Institut für Sozialwissenschaften) veröffentlicht. Inhaltlich handelt es sich um eine Trenderhebung zur gesellschaftlichen Dauerbeobachtung von Einstellungen, Verhalten und sozialem Wandel in Deutschland. Um eine repräsentative Stichprobe zu erhalten wurden 3490 Deutsche und Ausländer befragt, welche zum Zeitpunkt der Befragung vor dem 01.01.1998 geboren sind und in Privathaushalten lebten. Die Umfrage ist unter folgendem Link aufrufbar: *https://doi.org/10.4232/1.12796*

Zur Analyse des Datensatzes wird das Programm RStudio verwendet.

Zunächst wird hierfür die CSV-Datei, bestehend aus 3490 Zeilen und 589 Variablen, eingelesen.

```
> library(readr)
> allbus <- read.csv("C:/Users/Kathrin/Desktop/allbus.csv", sep=";")
>   View(allbus)
```

Im Anschluss daran werden verschiedene Pakete geladen, welche bereits installiert wurden und für die Analyse des Datensatzes sowie zur Diagrammdarstellung benötigt werden.

```
> library(mosaic)
> library(dplyr)
> library(ggplot2)
```

Aufgrund seines Umfangs wurde der Datensatz für die nachfolgende Analyse auf vier Variablen limitiert, welche für die Überprüfung der Hypothesen von Bedeutung sind. Sie werden in der Tabelle „allbusneu" gespeichert. Die Verbleibenden werden aus dem Dataframe entfernt und bleiben unberücksichtigt.

```
> allbusneu <- select(allbus, pv01, mm01, mm02, mm03)
```

1.2 Variablendeskription

Folgende Variablen sind für die zu prüfenden Hypothesen von Bedeutung:

Spalte	Beschreibung	Skalenniveau	Kontinuität	R-Datentyp	Anzahl der Fälle, fehlende Werte
pv01	Wahlabsicht Bundestagswahl	Kategorial, Nominal	-	int (integer)	2831, 659
mm01	Islamausübung in BRD beschränken	Kategorial, Ordinal	-	int (integer)	3359, 131
mm02	Islam passt in die deutsche Gesellschaft	Kategorial, Ordinal	-	int (integer)	3346, 144
mm03	Anwesenheit von Muslimen bringt Konflikt	Kategorial, Ordinal	-	int (integer)	3361, 129

Auswahlmöglichkeiten pv01:
CDU/CSU, SPD, Die Linke, Bündnis 90/Die Grünen, FDP, AfD, Piratenpartei, NPD, Andere Partei, „Würde nicht wählen", „Angabe verweigert", „Weiß nicht", „Nicht wahlberechtigt, da keine deutsche Staatsbürgerschaft", „KA"

Auswahlmöglichkeiten restliche Variablen:
1 (Stimme überhaupt nicht zu), 2 (Stimme nicht zu), 3 (Stimme eher nicht zu), 4 (Stimme teils teils), 5 (Stimme eher zu), 6 (Stimme zu), 7 (Stimme voll und ganz zu), Keine Angabe

Im Folgenden werden die einzelnen Variablen nochmals hinsichtlich ihrer statistischen Kennwerte genauer betrachtet und dargestellt. Die Veranschaulichung erfolgt durch Diagramme.

Pv01 – Wahlabsicht Bundestagswahl

Um einen ersten Überblick über das Wahlverhalten zu bekommen, werden die Codierungen für die einzelnen Parteien bzw. Angaben der Befragten mit folgendem Befehl umgewandelt:

```
> allbusneu$pv01 <- factor(allbusneu$pv01, levels =
c(1,2,3,4,6,20,41,42,90,91), labels =c("CDU/CSU", "SPD", "FDP", "Die
Grünen", "Linke", "NPD", "Piraten", "AfD", "Andere Partei", "Nichtwäh-
ler")
```

Zur Visualisierung des Wahlverhalten wird ein Säulendiagramm mit den absoluten Häufigkeiten erstellt.

```
> gf_bar(data=allbusneu, ~ pv01, xlab = "Parteien", ylab = "Häufigkeit
en")
```

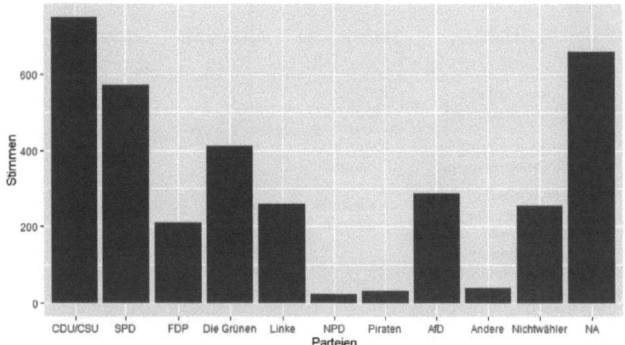

Hier lässt sich erkennen, dass die großen Volksparteien wie CDU/CSU und SPD den meisten Zuspruch erhalten. Die AfD liegt eher im Mittelfeld.

```
> tally( ~ pv01, format = "proportion", data = allbusneu)

    CDU/CSU          SPD          FDP   Die Grünen         Linke          NPD
 0.214326648  0.163323782  0.059885387  0.117478510  0.074498567  0.006017192
    Piraten          AfD       Andere  Nichtwähler         <NA>
 0.009169054  0.082234957  0.010888252  0.073352436  0.188825215
```

Betrachtet man nun die relativen Häufigkeiten der Parteien, wird dies ebenfalls nochmal deutlich. CDU/CSU und SPD liegen mit rund 21 % und 16% weit vorne, wohingegen die AfD nur 8 % aufweisen kann.

mm01- Islamausübung in BRD beschränken

Zur Analyse der Variable mm01 wird zunächst der Befehl „favstats" verwendet.

```
> favstats(~ mm01, data = allbusneu, na.rm=TRUE)

min Q1 median Q3 max     mean       sd    n missing
  1  2      4  6   7 3.978267 2.256578 3359     131
```

Die Ausgabe zeigt, dass die Umfrageteilnehmer auf die Frage, ob die Islamausübung in Deutschland beschränkt werden soll, sowohl 1 - „Stimmt überhaupt nicht", als auch 7 – „Stimme voll und ganz zu", geantwortet haben. Die durchschnittliche Antwort bzw. der arithmetische Mittelwert liegen bei 3,989, was der Antwort „Stimme teils teils" entspricht. Dieser Wert deckt sich fast mit dem Median, welcher bei 4 liegt.

```
> tally(~ mm01, data = allbusneu)

mm01
  1   2   3   4   5   6   7 <NA>
799 353 233 492 421 341 720  131
```

Mit dem Befehl „tally" werden die einzelnen Häufigkeiten der Antwortmöglichkeiten ausgegeben. Der Modus, und damit die Häufigste Ausprägung in dieser Variablen, liegt bei 1, was „Stimme überhaupt nicht zu" entspricht.

Ein Säulendiagramm verdeutlicht die Ergebnisse.

```
> gf_bar(data=allbusneu, ~ mm01, xlab = "Antwortmöglichkeiten", ylab =
"Häufigkeiten", na.rm = TRUE)
```

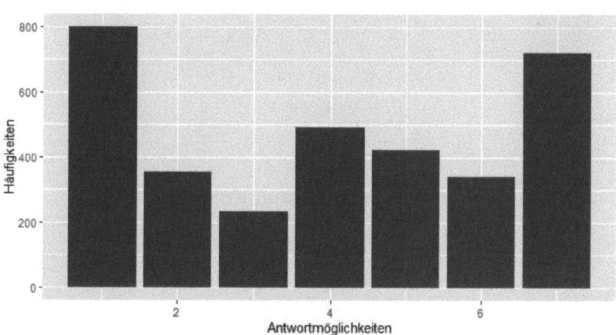

mm02- Islam passt in die deutsche Gesellschaft

```
> favstats(~ mm02, data = allbusneu, na.rm=TRUE)

min Q1 median Q3 max    mean       sd   n missing
  1  1      2  4   7 2.73939 1.771958 3346     144
```

Die Ausgabe des Befehls „favstats" zeigt, dass auch in dieser Variablen sowohl Antwortmöglichkeit 1 als auch 7 genutzt wurde. Der Median liegt bei 2 - „Stimme nicht zu" wohingegen der arithmetische Mittelwert mit 2,739 zur Antwortmöglichkeit 3 - „Stimme eher nicht zu" neigt.

```
> tally(~ mm02, data = allbusneu)

mm02
   1    2    3    4    5    6    7 <NA>
1185  611  470  516  240  183  141  144
```

Der Modus dieser Variable und damit die häufigste Antwort beträgt 1, was der Antwort „Stimme überhaupt nicht zu" entspricht. Dies zeigt sich auch im nachfolgenden Diagramm.

```
> gf_bar(data=allbusneu, ~ mm02, xlab = "Antwortmöglichkeiten", ylab =
"Häufigkeiten", na.rm = TRUE)
```

7

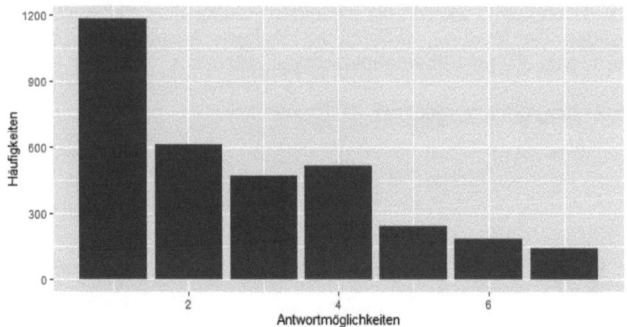

mm03- Anwesenheit von Muslimen bringt Konflikt

```
> favstats(~ mm03, data = allbusneu, na.rm=TRUE)
```

```
min Q1 median Q3 max      mean       sd   n missing
  1  4      5  6   7 4.836953 1.755489 3361     129
```

Auch in mm03 sind beide Extremwerte vorhanden. Der Median liegt bei 5, was der Antwortmöglichkeit „Stimme eher zu" entspricht. Mit 4,837 stimmt der Mittelwert fast mit dem Median überein.

```
> tally(~ mm03, data = allbusneu)
```

```
mm03
   1   2   3   4   5   6   7 <NA>
 161 254 322 612 682 546 784  129
```

Die häufigste genannte Antwort, der Modus, liegt bei 7, was „Stimme voll und ganz zu" entspricht.

```
> gf_bar(data=allbusneu, ~ mm03, xlab = "Antwortmöglichkeiten", ylab =
"Häufigkeiten", na.rm = TRUE)
```

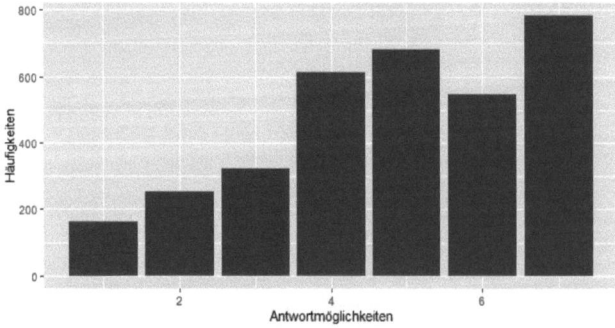

2 Deduktive Analyse

2.1 Forschungsfrage & Hypothesen

Forschungsfrage: Wie unterscheiden sich Personen, die die AfD präferieren von anderen Personen in Bezug auf die Einstellung zum Islam?

H1: Es gibt einen Unterschied zwischen AfD-Wählern und anderen Personen, hinsichtlich der Akzeptanz der islamischen Glaubensausübung in Deutschland.

H2: Es gibt einen Unterschied zwischen AfD-Wählern und anderen Personen, hinsichtlich der Anerkennung des islamischen Glaubens als Teil der deutschen Gesellschaft.

H3: Es gibt einen Unterschied zwischen AfD-Wählern und anderen Personen, hinsichtlich der Meinung zum Konfliktpotential durch Muslime in Deutschland.

Die Hypothesen werden unter der Prämisse alpha = 0.05 getestet.

2.2 Deskriptive Statistik

H1: Es gibt einen Unterschied zwischen AfD-Wählern und anderen Personen, hinsichtlich der Akzeptanz der islamischen Glaubensausübung in Deutschland.

Mit dem Befehl „tally" erhalten wir zunächst eine genaue Auflistung der gegebenen Antworten zur Variable mm01 - „Die Ausübung des islamischen Glaubens in Deutschland sollte eingeschränkt werden".

```
> tally(mm01 ~ pv01, data = allbusneu)

     pv01
mm01  CDU/CSU SPD FDP Die Grünen Linke NPD Piraten AfD Andere
  1       134 147  46        180    86   0       8  21     12
  2        97  58  21         50    30   0       5   7      5
  3        70  38  14         29    10   1       1  10      2
  4       118  69  36         57    44   4       6  33      8
  5       119  79  30         39    19   0       5  30      3
  6        72  52  22         22    18   2       1  45      3
  7       120 102  39         25    47  14       6 141      5
  <NA>     18  25   1          8     6   0       0   0      0

     pv01
mm01  Nichtwähler <NA>
  1            37  128
  2            21   59
  3            14   44
  4            42   75
  5            26   71
  6            29   75
  7            77  144
  <NA>         10   63
```

Mithilfe eines Boxplots können wir diese Zahlen visualisieren.

```
> boxplot(mm01 ~ pv01, xlab = "Parteien", ylab = "Zustimmungsmöglich-
keit",col="azure2", data = allbusneu)
```

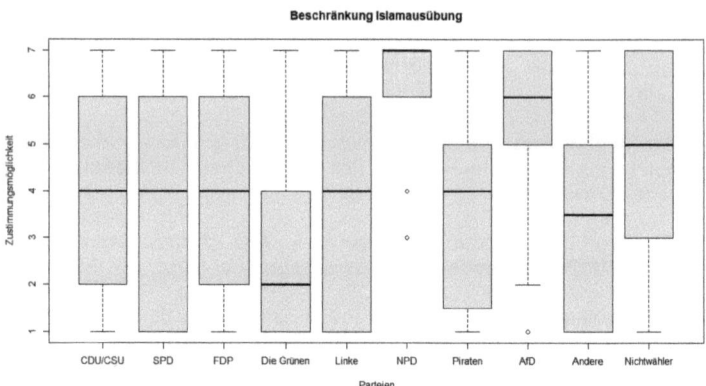

Es lässt sich erkennen, dass die AfD sehr zum oberen Antwortspektrum neigt und damit eine Einschränkung des islamischen Glaubens befürwortet. Die NPD ist hierbei sogar noch extremer.

Um eine präzisere Auswertung durchführen zu können, wurden die Variablen mm01 und pv01 mithilfe von Excel extrahiert und alle NA's entfernt, um bei späteren Berechnungen Fehler zu vermeiden. Zudem wurden die Nummerierungen der Parteien aufgehoben und zu zwei Auswahlmöglichkeiten zusammengefasst: „AfD" und „Andere Parteien" (= CDU/CSU, SPD, Die Linke, Bündnis 90/Die Grünen, FDP, Piraten, NPD, Andere, Würde nicht wählen).

```
> tally(mm01 ~ pv01, data = Komprimiert_mm01)

       pv01
mm01 AfD Andere Partei
   1  21          650
   2   7          287
   3  10          179
   4  33          384
   5  30          320
   6  45          221
   7 141          435
```

Um das ganze nun in Relation zu setzen, lassen wir uns oben aufgeführte Ergebnisse in Prozent anzeigen.

```
> tally(mm01 ~ pv01, format = "proportion", data = Komprimiert_mm01)
       pv01
mm01       AfD Andere Partei
   1 0.07317073    0.26252019
   2 0.02439024    0.11591276
   3 0.03484321    0.07229402
   4 0.11498258    0.15508885
   5 0.10452962    0.12924071
   6 0.15679443    0.08925687
   7 0.49128920    0.17568659
```

Es lässt sich festhalten, dass fast 49,12 % der AfD-Wähler eine Einschränkung des islamischen Glaubens in Deutschland voll befürworten (Antwort 7 - „Stimme voll und ganz zu"). Wohingegen nur 17,57% der Wähler anderer Parteien, Antwort 7 wählen würden.

```
> boxplot(mm01 ~ pv01, main="Beschränkung Islamausübung",col="azure2",
ylab="Zustimmungsmöglichkeiten",xlab="Partei", data=Komprimiert_mm01)
```

Beschränkung Islamausübung

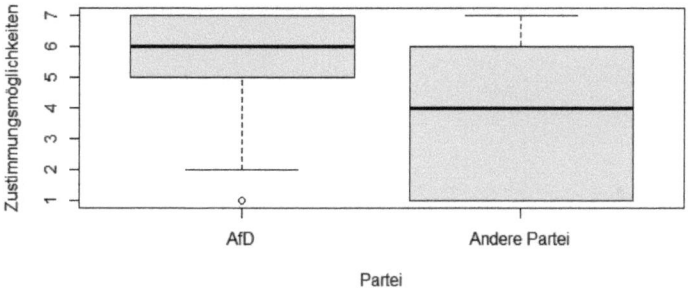

Auch im Boxplot lässt sich diese Tendenz bestätigen. Der Median der AfD liegt bei 6 statt bei 4, wie bei den anderen Parteien. Auch das 25%-Quartil und das 75%-Quartil der AfD-Wähler ist zwischen 5 („Stimme eher zu") und 7 („Stimme voll und ganz zu") und damit eher im oberen Bereich im Gegensatz zu den Wählern der anderen Parteien, bei denen das 25 %-Quartil bei 1 und das 75%-Quartil bei 6 liegen.

H2: Es gibt einen Unterschied zwischen AfD-Wählern und anderen Personen, hinsichtlich der Anerkennung des islamischen Glaubens als Teil der deutschen Gesellschaft.

Für einen ersten Eindruck lassen wir uns auch bei dieser Hypothese zunächst die gegebenen Antworten zu mm02 - „Der Islam passt in die deutsche Gesellschaft", aufgespalten auf die verschiedenen Parteien, anzeigen.

```
> tally(mm02 ~ pv01, data = allbusneu)

          pv01
mm02   CDU/CSU SPD FDP Die Grünen Linke NPD Piraten AfD Andere
  1        221 161  67        62    64  13       9 205     15
  2        163 102  40        52    42   6       5  42      5
  3        135  79  34        69    31   0       8  15      6
  4        106  98  35        95    43   0       4   9     10
  5         50  44  15        49    25   1       5   3      0
  6         34  35   9        45    23   0       1   4      1
  7         18  22   7        28    22   1       0   8      0
<NA>        21  29   2        10    10   0       0   1      1
          pv01
mm02   Nichtwähler <NA>
  1           120  248
  2            47  107
  3            27   66
  4            34   82
  5             8   40
  6             4   27
  7             8   27
<NA>           8   62
```

Mithilfe eines Diagramms visualisieren wir diese Daten.

```
> boxplot(mm02 ~ pv01, main = "Islam passt in deutsche Gesellschaft",
xlab = "Parteien", ylab = "Zustimmungsmöglichkeit",col="azure2", na.rm
= TRUE, data = allbusneu)
```

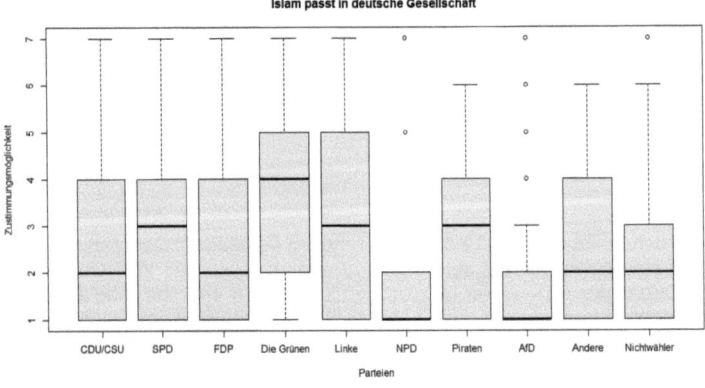

Im Boxplot ist ersichtlich, dass sich ein Großteil der Wähler, unabhängig der bevorzugten Partei, im Antwortspektrum 1 – 4 befinden. Das bedeutet, die meisten sind der Meinung, dass der Islam eher nicht in die deutsche Gesellschaft passt. Auffällig sind die NPD und AfD-Wähler, deren Mediane als einzige bei 1 liegen und somit am negativsten zur Aussage „Der Islam passt in die deutsche Gesellschaft" reagiert haben.

Auch hier wurden die Variablen mm02 und pv01 wieder mithilfe von Excel extrahiert und NA-Werte entfernt. Pv01 wurde zudem auf „AfD" und „Andere Partei" beschränkt

12

(= CDU/CSU, SPD, Die Linke, Bündnis 90/Die Grünen, FDP, Piraten, NPD, Andere, Würde nicht wählen).

```
> tally(mm02 ~ pv01, data = Komprimiert_mm02)

          pv01
mm02  AfD  Andere Partei
   1  205           732
   2   42           462
   3   15           389
   4    9           425
   5    3           197
   6    4           152
   7    8           106
```

```
> tally(mm02 ~ pv01, format = "proportion", data = Komprimiert_mm02)

          pv01
mm02        AfD  Andere Partei
   1 0.71678322     0.29719854
   2 0.14685315     0.18757613
   3 0.05244755     0.15793747
   4 0.03146853     0.17255380
   5 0.01048951     0.07998376
   6 0.01398601     0.06171336
   7 0.02797203     0.04303695
```

Aus den Ausgaben lässt sich entnehmen, dass 71,68 % der AfD-Wähler (205 Personen) und 29,72 % der Wähler anderer Parteien (732 Personen) die Antwortmöglichkeit 1 – „Stimme überhaupt nicht zu" genutzt haben.

```
> boxplot(mm02 ~ pv01, main="Islam passt in deutsche Gesellschaft",col
="azure2", ylab="Zustimmungsmöglichkeiten",xlab="Partei", data=Komprim
iert_mm02)
```

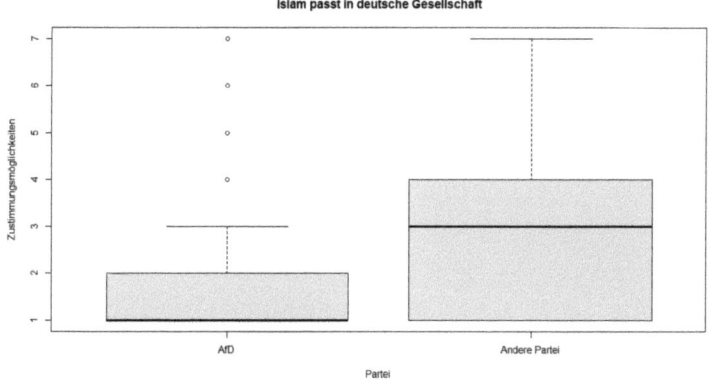

Im Boxplot werden obige Werte nochmals deutlich. Der Median der AfD liegt bei 1, wohingegen der Median der anderen Parteien bei 3 liegt, was der Antwort „Stimme eher nicht zu" entspricht. Bei der AfD liegt das untere und obere Quartil bei 1 und 2, bei den anderen Parteien bei 1 und 4.

H3: Es gibt einen Unterschied zwischen AfD-Wählern und anderen Personen, hinsichtlich der Meinung zum Konfliktpotential durch Muslime in Deutschland.

Mit dem Befehl „tally" erhalten wir wieder einen ersten Überblick zu den Antworten der Variable mm03 – „Die Anwesenheit von Muslimen in Deutschland führt zu Konflikten".

```
> tally(mm03 ~ pv01, data = allbusneu)

        pv01
mm03    CDU/CSU  SPD  FDP  Die Grünen  Linke  NPD  Piraten  AfD  Andere
   1         21   38    8          28     18    1        1    6       4
   2         64   41   14          44     26    0        2    7       1
   3         82   59   17          55     24    0        2   10       6
   4        142  104   35          81     47    1        7   23       9
   5        156  114   55         103     57    2        5   30       4
   6        129   95   36          47     38    5        8   55       4
   7        134   88   42          45     43   12        7  155      10
 <NA>        20   31    2           7      7    0        0    1       0
        pv01
mm03    Nichtwähler  <NA>
   1              7    29
   2              8    47
   3             17    50
   4             50   113
   5             45   111
   6             34    95
   7             88   160
 <NA>             7    54
```

Ein Boxplot visualisiert die Antworten, aufgegliedert auf die Parteien.

```
> boxplot(mm03 ~ pv01, main = "Anwesenheit Muslime führt zu Konflikten
", xlab = "Parteien", ylab = "Zustimmungsmöglichkeit",col="azure2", na
.rm = TRUE, data = allbusneu)
```

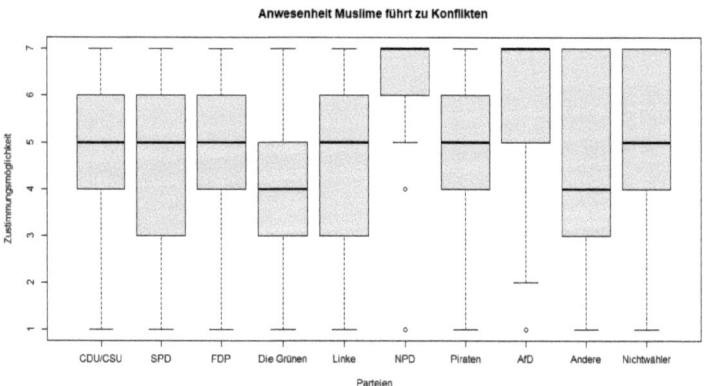

Auffällig ist, dass bei sehr vielen der Median bei Antwortmöglichkeit 5 – „Stimme eher zu" liegt. Die NPD und die AfD fallen durch ihre Mediane bei 7 auf. Insgesamt bewegen sich alle gegebenen Antworten zwischen den Bereichen 3 und 7, was darauf schließen lässt, dass die Mehrheit der Meinung ist, dass die Anwesenheit von Muslimen gewisse Konflikte mit sich bringt.

Mithilfe von Excel wurden die Variablen mm03 und pv01 wieder extrahiert und NA-Werte entfernt. Pv01 wurde auf „AfD" und „Andere Partei" komprimiert.

```
> tally(mm03 ~ pv01, data = Komprimiert_mm03)

       pv01
mm03 AfD Andere Partei
   1   6           126
   2   7           200
   3  10           262
   4  23           476
   5  30           541
   6  55           396
   7 155           469
```

```
> tally(mm03 ~ pv01, format = "proportion", data = Komprimiert_mm03)

       pv01
mm03        AfD Andere Partei
   1 0.02097902    0.05101215
   2 0.02447552    0.08097166
   3 0.03496503    0.10607287
   4 0.08041958    0.19271255
   5 0.10489510    0.21902834
   6 0.19230769    0.16032389
   7 0.54195804    0.18987854
```

Mit 54,20% sind die AfD-Sympathisanten voll und ganz der Meinung, dass die Anwesenheit von Muslimen zu Konflikten führt. 18,99 % der Wähler anderer Parteien teilen diese Meinung.

```
> boxplot(mm03 ~ pv01, main="Anwesenheit Muslime führt zu Konflikten",
col="azure2", ylab="Zustimmungsmöglichkeiten",xlab="Partei", data=Komp
rimiert_mm03)
```

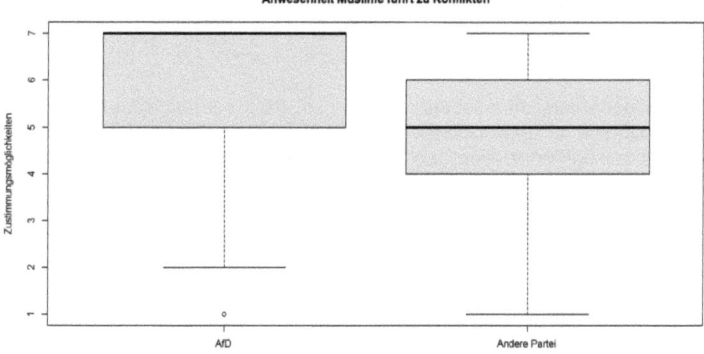

Mit Antwortmöglichkeit 5 – „Stimme eher zu" liegt der Median der anderen Parteien wieder unterhalb des Medians der AfD-Wähler, welcher bei 7 – „Stimme voll und ganz zu" liegt. Insgesamt befindet sich die AfD wieder im oberen Bereich und ist damit eher der Meinung, dass die Anwesenheit von Muslimen zu Konflikten führt.

2.3 Signifikanztest

H1: Es gibt einen Unterschied zwischen AfD-Wählern und anderen Personen, hinsichtlich der Akzeptanz der islamischen Glaubensausübung in Deutschland

Zur Überprüfung der Hypothese wird die Varianzanalyse (ANOVA) verwendet.

Hierfür werden zunächst der Mittelwert und der Median der Variable mm01 ermittelt.

```
> mean(mm01 ~ pv01,data = Komprimiert_mm01)

       AfD Andere Partei
  5.588850      3.743134

> median(mm01 ~ pv01, data = Komprimiert_mm01)

    AfD Andere Partei
      6             4
```

Im Anschluss daran lassen wir uns die Lage- und Streuungsmaße von pv01 zur Beschränkung der Islamausübung anzeigen.

```
> favstats(mm01 ~ pv01, data = allbusneu)
```

	pv01	min	Q1	median	Q3	max	mean	sd	n	missing
1	CDU/CSU	1	2.00	4.0	6	7	3.941096	2.078193	730	18
2	SPD	1	1.00	4.0	6	7	3.805505	2.259532	545	25
3	FDP	1	2.00	4.0	6	7	3.985577	2.176906	208	1
4	Die Grünen	1	1.00	2.0	4	7	2.728856	1.966962	402	8
5	Linke	1	1.00	4.0	6	7	3.480315	2.309459	254	6
6	NPD	3	6.00	7.0	7	7	6.142857	1.388730	21	0
7	Piraten	1	1.75	4.0	5	7	3.687500	2.220687	32	0
8	AfD	1	5.00	6.0	7	7	5.588850	1.852502	287	0
9	Andere	1	1.00	3.5	5	7	3.368421	2.173813	38	0
10	Nichtwähler	1	3.00	5.0	7	7	4.601626	2.191784	246	10

Aus der Übersicht lässt sich entnehmen, dass bei fast allen Gruppen die gesamte Bandbreite an Antwortmöglichkeiten von 1 - 7 genutzt wurde. Lediglich bei der NPD liegt das Spektrum zwischen Minimal- und Maximalwert bei 3 – 7. Auch beim Median fällt auf, dass sich alle Parteien in einem ähnlichen Spektrum zwischen ca. 2 - 4 befinden und die AfD mit 6 und die NPD mit 7 deutlich herausstechen. Betrachtet man die Standardabweichung fallen ebenfalls wieder die AfD und NPD auf, die leicht herausstechen.

Zur kompakteren Übersicht lassen wir uns die Lage- und Streuungsmaße nochmals für den komprimierten Datensatz anzeigen.

```
> favstats (mm01 ~ pv01, data = Komprimiert_mm01)

           pv01 min Q1 median Q3 max     mean       sd    n missing
1          AfD   1  5      6  7   7 5.588850 1.852502  287       0
2 Andere Partei  1  1      4  6   7 3.743134 2.214063 2476       0
```

Die Ergebnisse von oben werden hier ebenfalls bestätigt. Zwischen der AfD und den Lage- und Streuungsmaßen der zusammengefassten anderen Parteien bestehen eindeutige Diskrepanzen.

In den nachfolgenden Diagrammen werden die Streuungen nochmals deutlich hervorgehoben.

```
> qplot(data=allbusneu, x=pv01, y=mm01,main = "Beschränkung Islamaus-
übung", xlab = "Parteien", ylab = "Zustimmungsmöglichkeit", geom="jit-
ter", color=factor(pv01)) +guides(cloro="none")
```

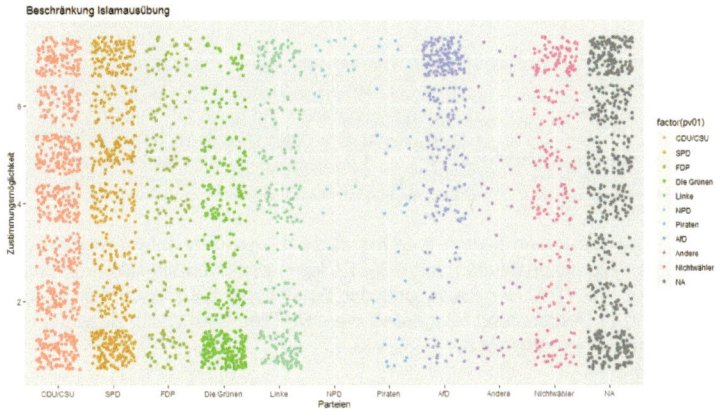

```
> qplot(data=Komprimiert_mm01, x=pv01, y=mm01,main = "Beschränkung Is-
lamausübung", xlab = "Partei", ylab = "Zustimmungsmöglichkeit",
geom="jitter", color=factor(pv01)) +guides(cloro="none")
```

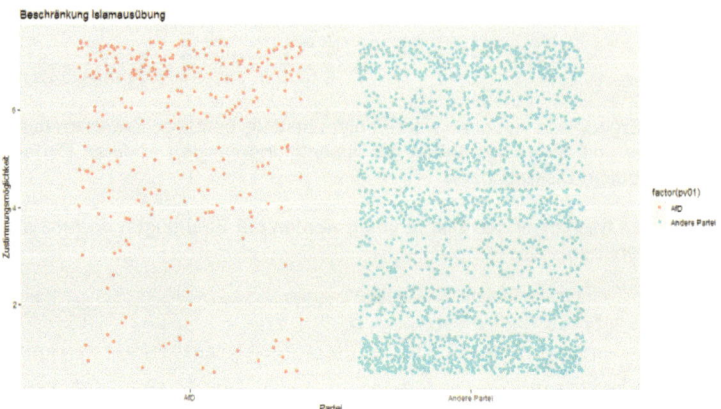

Beschränkung Islamausübung

```
> mm01aov<-aov(mm01~pv01, data=Komprimiert_mm01)
> summary(mm01aov)

            Df Sum Sq Mean Sq F value Pr(>F)
pv01         1    876   876.2   184.5 <2e-16 ***
Residuals 2761  13114     4.7
---
Signif. codes:  0 '***' 0.001 '**' 0.01 '*' 0.05 '.' 0.1 ' ' 1
```

Der ausgegebene p-Wert liegt mit <2.2e-16 deutlich unter unserem vorher festgelegten Signifikanzniveau von 5 %. Es kann somit ein signifikanter Unterschied zwischen der Wahl der Partei und der Einstellung zur Einschränkung der Islamausübung in Deutschland festgestellt werden. Dies führt dazu, dass die Nullhypothese verworfen werden kann.

H2: Es gibt einen Unterschied zwischen AfD-Wählern und anderen Personen, hinsichtlich der Anerkennung des islamischen Glaubens als Teil der deutschen Gesellschaft.

Für die Varianzanalyse werden zunächst mean und median ermittelt.

```
> mean(mm02 ~ pv01,data = Komprimiert_mm02)

       AfD Andere Partei
  1.625874      2.907836
```

```
> median (mm02 ~ pv01, data = Komprimiert_mm02)

     AfD Andere Partei
       1             3
```

Die Lage- und Streuungsmaße werden durch den Befehl „favstats" angezeigt.

```
> favstats(mm02 ~ pv01, data = allbusneu)
```

	pv01	min	Q1	median	Q3	max	mean	sd	n	missing
1	CDU/CSU	1	1	2	4	7	2.690509	1.608074	727	21
2	SPD	1	1	3	4	7	2.916821	1.765543	541	29
3	FDP	1	1	2	4	7	2.739130	1.680720	207	2
4	Die Grünen	1	2	4	5	7	3.660000	1.783916	400	10
5	Linke	1	1	3	5	7	3.320000	1.978194	250	10
6	NPD	1	1	1	2	7	1.761905	1.513432	21	0
7	Piraten	1	1	3	4	6	2.812500	1.533234	32	0
8	AfD	1	1	1	2	7	1.625874	1.333730	286	1
9	Andere	1	1	2	4	6	2.405405	1.403556	37	1
10	Nichtwähler	1	1	2	3	7	2.221774	1.567383	248	8

Betrachtet man die Standardabweichung, bewegen sich alle Parteien im gleichen Spektrum. Beim Mittelwert gibt es geringfügige Unterschiede. Die meisten Parteien liegen hier zwischen 2 und 3. Die AfD und NPD fallen wieder leicht auf, allerdings auch die Grünen und die Linke welche mit Mittelwerten zwischen 3 und 4 eher noch zu einer neutraleren Mitte der Antwortmöglichkeiten neigen.

```
> favstats (mm02 ~ pv01, data = Komprimiert_mm02)
```

	pv01	min	Q1	median	Q3	max	mean	sd	n	missing
1	AfD	1	1	1	2	7	1.625874	1.333730	286	0
2	Andere Partei	1	1	3	4	7	2.907836	1.762282	2463	0

In der komprimierten Ausgabe werden die Unterschiede vor allem durch den Mean nochmal deutlich.

```
> qplot(data=allbusneu, x=pv01, y=mm02,main = "Islam passt in deutsche
Gesellschaft", xlab = "Parteien", ylab = "Zustimmungsmöglichkeit", geo
m="jitter", color=factor(pv01)) +guides(cloro="none")
```

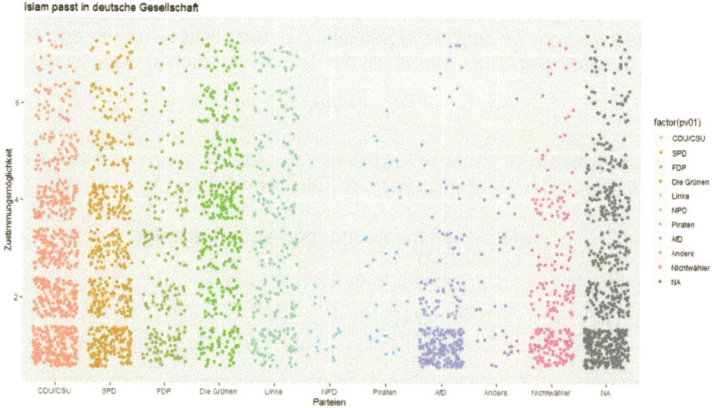

```
> qplot(data=Komprimiert_mm02, x=pv01, y=mm02,main = "Islam passt in d
eutsche Gesellschaft", xlab = "Partei", ylab = "Zustimmungsmöglichkeit
", geom="jitter", color=factor(pv01)) +guides(cloro="none")
```

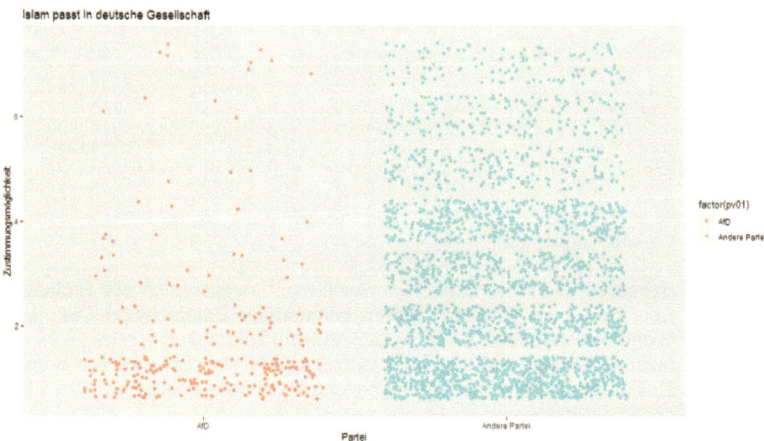

Zur Prüfung der Hypothese lassen wir uns mit nachfolgendem Befehl den p-Wert anzeigen.

```
> mm02aov<-aov(mm02~pv01, data=Komprimiert_mm02)
> summary(mm02aov)
             Df Sum Sq Mean Sq F value Pr(>F)
pv01          1    421   421.1   141.9 <2e-16 ***
Residuals  2747   8153     3.0
---
Signif. codes:  0 '***' 0.001 '**' 0.01 '*' 0.05 '.' 0.1 ' ' 1
```

Mit <2.2e-16 liegt unser ausgegebener p-Wert ebenfalls deutlich unter unserem vorher festgelegten Signifikanzniveau von 5 %. Die Nullhypothese kann demnach verworfen werden. Es liegt ein signifikanter Unterschied zwischen der Wahl der Partei und der Akzeptanz des Islams als der Teil der deutschen Gesellschaft vor.

H3: Es gibt einen Unterschied zwischen AfD-Wählern und anderen Personen, hinsichtlich der Meinung zum Konfliktpotential durch Muslime in Deutschland.

Wir lassen uns wieder den mean und median in R anzeigen.

```
> mean(mm03 ~ pv01,data = Komprimiert_mm03)

      AfD Andere Partei
 5.968531      4.688259

> median (mm03 ~ pv01, data = Komprimiert_mm03)

     AfD Andere Partei
       7             5
```

Durch den Median werden die Unterschiede zwischen AfD (Median: 7) und den anderen Parteien (Median: 5) deutlich.

```
> favstats(mm03 ~ pv01, data = allbusneu)
```

	pv01	min	Q1	median	Q3	max	mean	sd	n	missing
1	CDU/CSU	1	4	5	6.00	7	4.745879	1.658618	728	20
2	SPD	1	3	5	6.00	7	4.580705	1.761441	539	31
3	FDP	1	4	5	6.00	7	4.888889	1.646480	207	2
4	Die Grünen	1	3	4	5.00	7	4.260546	1.692567	403	7
5	Linke	1	3	5	6.00	7	4.521739	1.800717	253	7
6	NPD	1	6	7	7.00	7	6.142857	1.458962	21	0
7	Piraten	1	4	5	6.00	7	5.031250	1.655575	32	0
8	AfD	1	5	7	7.00	7	5.968531	1.485269	286	1
9	Andere	1	3	4	6.75	7	4.578947	1.967734	38	0
10	Nichtwähler	1	4	5	7.00	7	5.297189	1.638754	249	7

Auffällig ist hierbei, dass sich alle Parteien in einem Mittelwerts-Spektrum von 4 bis 6 bewegen und damit der Variablenaussage zustimmen. Sie sind somit alle der Meinung, dass die Anwesenheit von Muslimen eher zu Konflikten führt. Die Standardabweichung liegt bei allen ungefähr gleich.

```
> favstats (mm03 ~ pv01, data = Komprimiert_mm03)
```

	pv01	min	Q1	median	Q3	max	mean	sd	n	missing
1	AfD	1	5	7	7	7	5.968531	1.485269	286	0
2	Andere Partei	1	4	5	6	7	4.688259	1.727949	2470	0

Diagramme verdeutlichen die unterschiedlichen Streuungen.

```
> qplot(data=allbusneu, x=pv01, y=mm03,main = "Anwesenheit Muslime füh
rt zu Konflikten", xlab = "Parteien", ylab = "Zustimmungsmöglichkeit",
geom="jitter", color=factor(pv01)) +guides(cloro="none")
```

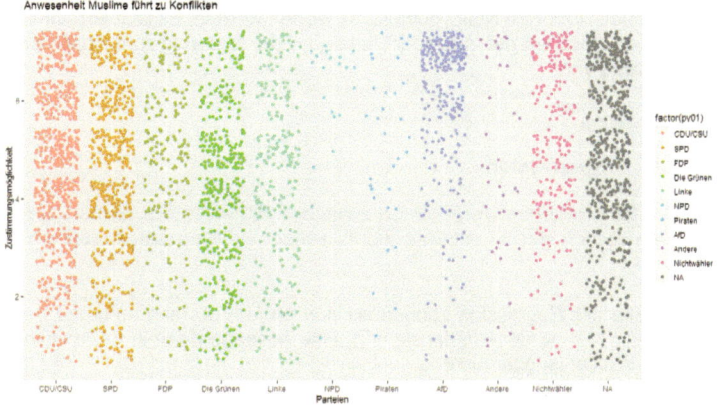

```
> qplot(data=Komprimiert_mm03, x=pv01, y=mm03,main = "Anwesenheit Musl
ime führt zu Konflikten", xlab = "Partei", ylab = "Zustimmungsmöglichk
eit", geom="jitter", color=factor(pv01)) +guides(cloro="none")
```

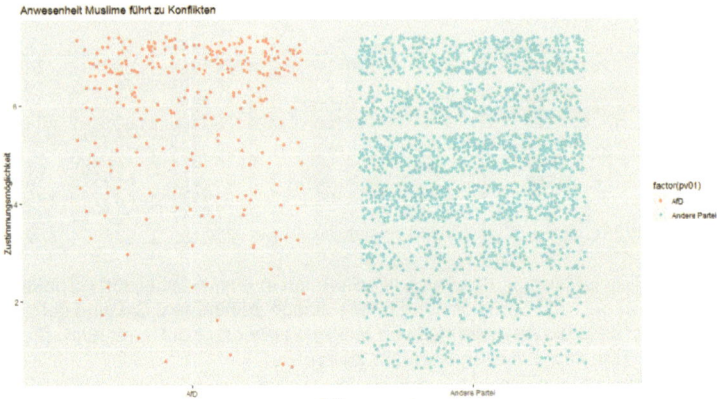

Zur Prüfung der Hypothese wird der p-Wert herangezogen.

```
> mm03aov<-aov(mm03~pv01, data=Komprimiert_mm03)
> summary(mm03aov)
              Df Sum Sq Mean Sq F value Pr(>F)
pv01           1    420   420.1   144.6 <2e-16 ***
Residuals   2754   8001     2.9
---
Signif. codes:  0 '***' 0.001 '**' 0.01 '*' 0.05 '.' 0.1 ' ' 1
```

Der p-Wert mit <2.2e-16 liegt unter dem festgelegten Signifikanzniveau von 5 %. Demnach kann die Nullhypothese verworfen werden. Es liegt ein signifikanter Unterschied zwischen der Wahl der Partei und der Meinung zum Konfliktpotential durch Muslime vor.

2.4 Regression

H1: Es gibt einen Unterschied zwischen AfD-Wählern und anderen Personen, hinsichtlich der Akzeptanz der islamischen Glaubensausübung in Deutschland.

Mithilfe der Regression können wir nun prüfen, ob man aufgrund der Angabe zur Einschränkung der Islamausübung, eine Aussage darüber treffen kann, ob jemand AfD-Wähler ist oder nicht.

```
> mm01lm<- lm(mm01~pv01, data=Komprimiert_mm01)
> summary(mm01lm)

Call:
lm(formula = mm01 ~ pv01, data = Komprimiert_mm01)

Residuals:
    Min      1Q  Median      3Q     Max
-4.5889 -1.7431  0.2569  1.4111  3.2569
```

```
Coefficients:
                Estimate Std. Error t value Pr(>|t|)
(Intercept)       5.5889     0.1286   43.44   <2e-16 ***
pv01Andere Partei -1.8457    0.1359  -13.58   <2e-16 ***
---
Signif. codes:  0 '***' 0.001 '**' 0.01 '*' 0.05 '.' 0.1 ' ' 1

Residual standard error: 2.179 on 2761 degrees of freedom
Multiple R-squared:  0.06263,  Adjusted R-squared:  0.06229
F-statistic: 184.5 on 1 and 2761 DF,  p-value: < 2.2e-16
```

Mit 0,006229 ist das Adjusted R-squared (r²) zu gering, um allein aufgrund der Angabe zur Variable mm01, eine Aussage über die Parteipräferenz zu treffen.

H2: Es gibt einen Unterschied zwischen AfD-Wählern und anderen Personen, hinsichtlich der Anerkennung des Islamischen Glaubens als Teil der deutschen Gesellschaft.

Auch hier prüfen wir, ob man umgekehrt durch die Angabe zu mm02 darauf schließen kann, ob jemand die AfD präferiert.

```
> mm02lm<- lm(mm02~pv01, data=Komprimiert_mm02)
> summary(mm02lm)

Call:
lm(formula = mm02 ~ pv01, data = Komprimiert_mm02)

Residuals:
    Min      1Q  Median      3Q     Max
-1.9078 -1.9078 -0.6259  1.0922  5.3741

Coefficients:
                Estimate Std. Error t value Pr(>|t|)
(Intercept)       1.6259     0.1019   15.96   <2e-16 ***
pv01Andere Partei 1.2820     0.1076   11.91   <2e-16 ***
---
Signif. codes:  0 '***' 0.001 '**' 0.01 '*' 0.05 '.' 0.1 ' ' 1

Residual standard error: 1.723 on 2747 degrees of freedom
Multiple R-squared:  0.04911,  Adjusted R-squared:  0.04877
F-statistic: 141.9 on 1 and 2747 DF,  p-value: < 2.2e-16
```

Mit 0,004877 ist das Adjusted R-squared (r²) auch hier zu gering, um eine Aussage zur Wahl der Partei treffen zu können.

H3: Es gibt einen Unterschied zwischen AfD-Wählern und anderen Personen, hinsichtlich der Meinung zum Konfliktpotential durch Muslime in Deutschland.

Auch bei H3 lassen wir uns die Regression anzeigen.

```
> mm03lm<- lm(mm03~pv01, data=Komprimiert_mm03)
> summary(mm03lm)

Call:
lm(formula = mm03 ~ pv01, data = Komprimiert_mm03)
```

```
Residuals:
    Min      1Q  Median      3Q     Max
-4.9685 -0.6883  0.3117  1.3117  2.3117

Coefficients:
                  Estimate Std. Error t value Pr(>|t|)
(Intercept)         5.9685     0.1008   59.22   <2e-16 ***
pv01Andere Partei  -1.2803     0.1065  -12.03   <2e-16 ***
---
Signif. codes:  0 '***' 0.001 '**' 0.01 '*' 0.05 '.' 0.1 ' ' 1

Residual standard error: 1.704 on 2754 degrees of freedom
Multiple R-squared:  0.04989,   Adjusted R-squared:  0.04955
F-statistic: 144.6 on 1 and 2754 DF,  p-value: < 2.2e-16
```

Mit 0,04955 ist das R^2 zu gering für eine Aussage zur Wahl der Partei.

3   Explorative Datenanalyse

Zur Erweiterung der Forschungsfrage kann man den Datensatz auf weitere Abhängigkeiten untersuchen. Hierfür sehen wir uns im nachfolgenden bei den Personen, die die AfD präferieren an, ob es Unterschiede zwischen den Geschlechtern gibt. Folgende Hypothesen haben sich daraus ergeben:

H1: Es besteht *ein* Zusammenhang zwischen dem Geschlecht eines AfD-Wählers und der Akzeptanz des Islams als Teil der deutschen Gesellschaft.

H0: Es besteht *kein* Zusammenhang zwischen dem Geschlecht eines AfD-Wählers und der Akzeptanz des Islams als Teil der deutschen Gesellschaft.

Die Hypothesen werden unter der Prämisse alpha = 0.05 getestet.

Zunächst wird hierfür der Datensatz gefiltert, sodass nur noch die Angaben zum Geschlecht und zur Variable mm02 aller AfD-Wähler angezeigt werden.

```
> allbus_2 <- subset(allbus, pv01==42, select = c(mm02,sex))
> View(allbus_2)
```

Bei der Variablen „sex" bestand die Auswahlmöglichkeit zwischen 1 – „Männlich" und 2 – „Weiblich".

Variable mm02 konnte man mit 1 (Stimme überhaupt nicht zu), 2 (Stimme nicht zu), 3 (Stimme eher nicht zu), 4 (Stimme teils teils), 5 (Stimme eher zu), 6 (Stimme zu), 7 (Stimme voll und ganz zu), Keine Angabe, beantworten.

Im Anschluss daran bereinigen wir den neuen Teildatensatz um die fehlenden NA-Werte.

```
> allbus_2 <- na.omit(allbus_2)
```

Zur besseren Übersicht werden die Zahlen zu „Mann" und „Frau" umcodiert und wir lassen uns mit dem Befehl „favstats" die Lage- und Streuungsmaße anzeigen.

```
> allbus_2$sex <- factor(allbus_2$sex, levels = c(1,2), labels =c("Man
n", "Frau"))

> favstats(mm02 ~ sex, data=allbus_2)

    sex min Q1 median Q3 max    mean       sd  n missing
1 Mann   1  1      1  2   7 1.582915 1.314991 199       0
2 Frau   1  1      1  2   7 1.724138 1.378318  87       0
```

Die Verteilung der Geschlechter ist etwas unausgeglichen. Mehr als doppelt so viele Männer wie Frauen präferieren die AfD. Die Angaben, ob der Islam zur deutschen Gesellschaft passt, sind allerdings sehr ähnlich. Sowohl das Minimum, Maximum, der Median als auch das 25 % und 75 %-Quartil sind identisch. Lediglich der Mittelwert unterscheidet sich ein wenig. Dieser liegt bei den Männern bei 1,5829 und bei den Frauen bei 1,7241.

Zur Überprüfung, ob das Geschlecht der AfD-Wähler einen Einfluss auf die Angabe zur Variable mm02 hat, vergleichen wir die Mittelwerte. Dazu führen wir einen t-Test durch.

```
> t.test(mm02 ~ sex, data=allbus_2)

        Welch Two Sample t-test

data:  mm02 by sex
t = -0.8083, df = 157.25, p-value = 0.4201
alternative hypothesis: true difference in means is not equal to 0
95 percent confidence interval:
 -0.4863168  0.2038701
sample estimates:
mean in group Mann mean in group Frau
          1.582915           1.724138
```

Der p-Wert liegt bei 0,4201 und ist damit höher als das Signifikanzniveau von 5 %. Das 95%-Konfidenzintervall liegt zwischen – 0,4863 und 0,2039. Folglich liegen keine signifikanten Unterschiede zwischen den Mittelwerten der Geschlechter vor. Die H0 wird beibehalten.

4   Diskussion

4.1   Zentrale Ergebnisse

Durch die ANOVA Varianzanalyse konnte für alle drei Hypothesen ein p-Wert von 2e-16 festgestellt werden. Dieser ist deutlich kleiner als das Signifikanzniveau von alpha = 5 %. Es liegen damit bei allen drei Hypothesen statistisch hoch signifikante Ergebnisse vor. Die entsprechenden Nullhypothesen (= es gibt keinen Unterschied) konnten verworfen werden.

Es gibt demnach einen Unterschied zwischen AfD-Wählern und anderen Personen, hinsichtlich der Akzeptanz der islamischen Glaubensausübung in Deutschland. Unterschiede waren hierbei auch im Mean und Median erkennbar. Der Mittelwert der

AfD beträgt 5,5889, bei den anderen Parteien beträgt dieser 3,7431. Auch beim Median unterscheiden sie sich. Die AfD hat mit 6 einen höheren Wert als die anderen Parteien mit 4.

Auch hinsichtlich der Anerkennung des islamischen Glaubens als Teil der deutschen Gesellschaft konnte zwischen AfD-Wählern und anderen Personen ein Unterschied festgestellt werden. Der Median der AfD beträgt 1, bei den anderen Parteien beträgt dieser 3. Der Mittelwert der AfD liegt bei 1,6259, bei den anderen Parteien bei 2,9078. Besonders zu beachten war bei dieser Hypothese die inverse Variablenfrage, wodurch z. B. die Antwortmöglichkeit 1 - „Stimme überhaupt nicht zu" negativ gegenüber dem Islam gestimmt ist.

Bei der Meinung zum Konfliktpotential durch Muslime in Deutschland gibt es ebenfalls einen Unterschied zwischen AfD-Wählern und anderen Personen. Der Mittelwert der AfD liegt bei 5,9685, bei den anderen Parteien beträgt er 4,6883. Der Median unterscheidet sich sogar in zwei Stufen. Der Median der AfD liegt bei 7, bei den anderen Parteien liegt er bei 5.

In der erweiterten Betrachtung innerhalb der AfD bzgl. der Akzeptanz des Islams als Teil der deutschen Gesellschaft, konnten wir keinen Unterschied zwischen den Geschlechtern feststellen. Der Median betrug sowohl beim Mann als auch bei der Frau 1. Die Mittelwerte bei beiden unterscheiden sich nur minimal. Beim Mann betrug dieser 1,5829, bei den Frauen 1,7241. Mithilfe des t-Tests konnte ein p-Wert von 0,4201 ermittelt werden. Dieser liegt über dem Signifikanzniveau von alpha = 5 %. Die Nullhypothese konnte damit nicht verworfen werden.

4.2   Interpretation

Mithilfe der Varianzanalyse konnte für alle drei Hypothesen festgestellt werden, dass es in Bezug zum Islam signifikante Unterschiede zwischen AfD-Sympathisanten und denen, die andere Parteien präferieren, gibt.

Es ist ersichtlich, dass die AfD-Sympathisanten egal ob es um die Anerkennung des Islams in Deutschland, die Ausübung des Glaubens oder das Konfliktpotential durch Muslime geht, immer negativere Antworten geben als der Durchschnitt aller anderen Parteien zusammengefasst (Betrachtung der Mittelwerte).

Betrachtet man das Programm der Partei und Aussagen verschiedener Repräsentanten, so überrascht dieses Ergebnis nicht. Die AfD spricht sich offen gegen den Islam aus, plant Maßnahmen gegen den Glauben und fordert Verbote. Auch mit Aussagen wie, der Islam gehöre nicht zu Deutschland und sei unvereinbar mit dem Grundgesetz, erwecken sie Aufsehen in der Öffentlichkeit und sprechen damit Personen an, die bereits einen Unmut gegenüber diesem Glauben bzw. Muslimen haben und mit der aktuellen Politik nicht einverstanden sind.

In der erweiterten Betrachtung konnte allerdings innerhalb der AfD kein signifikanter Unterschied zwischen den Geschlechtern festgestellt werden. Die Akzeptanz des islamischen Glaubens ist somit unabhängig vom Geschlecht der AfD-Sympathisanten.

4.3 Grenzen der Analyse

Besonders hervorzuheben ist, dass die Analyse durch die ungleiche Verteilung in der Variable pv01 nicht ganz optimal ist. Um einen Vergleich mit der AfD zu schaffen, wurden alle anderen Parteien zusammengefasst, was sich auch in der Anzahl widerspiegelt. So lag z. B. bei H1 die Anzahl der AfD-Sympathisanten bei 287, wohingegen die Anzahl der Sympathisanten anderer Parteien zusammengefasst, 2476 betrug. Dadurch können bei einer erneuten Analyse mit einer gleichen Verteilung die Ergebnisse variieren. Bei der erweiterten Betrachtung innerhalb der AfD zwischen den Geschlechtern besteht ebenfalls ein gewisses Ungleichgewicht, da mehr als doppelt so viele Männer wie Frauen die AfD präferieren.

Zudem wurden für die Datenanalyse lediglich drei Variablen verwendet, welche einen Bezug zum Islam herstellen. Um eine tatsächliche positive oder negative Einstellung zum Islam festzustellen, müssten noch weitere Variablen mitaufgenommen werden.

Ein weiterer Kritikpunkt stellt die Tatsache dar, dass die Fragebögen nicht anonym, sondern durch einen Interviewer ausgefüllt wurden, welcher die Teilnehmer befragt. Dies kann sich auf das Antwortverhalten auswirken, da sie dadurch während der Befragung möglicherweise eher zum sozial erwünschten Antwortverhalten neigen. So können Testergebnisse verfälscht werden.

Bei einer weiteren Analyse wären neben der Parteipräferenz, auch Variablen wie Alter, Schulabschluss und Wohnort interessant, um die Forschungsfrage näher zu analysieren und einen Einfluss zu prüfen.

BEI GRIN MACHT SICH IHR WISSEN BEZAHLT

- Wir veröffentlichen Ihre Hausarbeit,
  Bachelor- und Masterarbeit

- Ihr eigenes eBook und Buch -
  weltweit in allen wichtigen Shops

- Verdienen Sie an jedem Verkauf

Jetzt bei www.GRIN.com hochladen
und kostenlos publizieren